画说菠菜

画说菠菜

【日】香川彰 ● 编文　　【日】石仓裕幸 ● 绘画

你知道吗，菠菜被称为"黄绿色蔬菜之王"。

菠菜是叶菜类蔬菜，在世界各地深受人们的喜爱，很多国家的料理制作都会使用它。

美丽的色泽、软嫩的口感和味道独特而美味的叶子汇聚成为菠菜独特的魅力。

虽然现在一年四季都可以播种菠菜，人们随时都能享受这种美味，

但实际上，只有冬天的菠菜才最好吃。

因为只有在冬天，菠菜的叶子才能够充分伸展沐浴阳光，变得最甜最好吃。

中国农业出版社

1 从古代波斯传遍东西方

距今 2000 多年前，在古代波斯（现在的伊朗）有一种与蒲公英叶子十分相像的草，因为它既美味又益于健康，所以人们用心培育，把这种"草"变成了食用蔬菜。虽然我们并不知道这种草在古代的波斯叫什么，但我们知道，这种草后来向东传入中国，向西传入欧洲。古时候中国称波斯为菠薐国，因为这是从菠薐国传来的蔬菜，所以在中国这种蔬菜就被命名为"菠薐菜"。

19 世纪
传入美国

荷兰

西班牙

传入欧洲各地

11 世纪

欧洲品种

古代波斯

亚拉特山

6 世纪

亚洲品种

中国

16

Europe

Asian

Africa

19 世纪
日本的江户末期（文久
年间：1866–1863 年）
由法国传入日本

古代 波斯的菠菜

虽然也有人说，阿富汗周边的中亚地区才是菠菜的故乡，但是，在传说中诺亚方舟停靠的亚拉拉特山附近发现了野生菠菜，所以人们还是认为从高加索地区或亚美尼亚到波斯这一带的西南亚地区才是菠菜的故乡。距今 2000 多年前，人们就已经在以波斯为中心的地区开始栽培菠菜了。

传入 中国

你知道吗，从波斯"出发"后，菠菜第一个光临的地方是中国。早在公元 6 世纪前后，僧侣们把菠菜传到中国来。在唐朝，尼泊尔使者将菠菜种子进献给了唐朝的皇帝。公元 7 世纪时，菠菜传到中国华北地区，并衍生出了很多品种。当时，中国人称波斯为菠薐国，所以就将从波斯传来的这种菜命名为"菠薐菜"，也就是现在我们俗称的菠菜。从波斯传到中国的菠菜后来就成为菠菜的亚洲品种，叶子呈锯齿形，种子是有刺种。

传入 **欧洲**

菠菜先由伊斯兰教教徒传入北非，约 11 世纪时，菠菜传播到了当时有伊斯兰教的国家，像如今的西班牙，然后，菠菜便在欧洲各国间广泛传播。那个时候，菠菜多栽培在寺院里，主要是供修道士食用。后来，一半以上的菠菜新品种在荷兰培育出来，这就是菠菜的欧洲品种，它们的叶子没有锯齿，种子是无刺种，看起来圆滚滚的。

传入 **美国**

19 世纪末 20 世纪初，菠菜由欧洲传入美国，20 世纪后期人们才渐渐开始大规模栽培这种美味的蔬菜。随着罐装技术的发明，焯水菠菜罐头也问世了。

传入 **日本**

大约在 16 世纪，菠菜从中国传入日本，曾被称作唐菜、赤根菜、冬菜等。江户时代的儒学家林罗山所著的《多识篇》（1630 年）中第一次出现了菠菜的名字。19 世纪时，欧洲的菠菜从法国传入日本，明治时期之后，又有更多的菠菜品种从欧美西方国家传入日本。这个时候，菠菜才终于被称为"菠薐草"，这个名字来源于汉语的"菠薐菜"。从此，亚洲菠菜和欧洲菠菜在日本的种植过程中发生自然杂交，所以目前在日本种植的菠菜基本是亚洲种以及它们的杂交品种。从昭和三十五年（1960 年）开始，通过将亚洲菠菜和欧洲菠菜进行不断杂交，科学家又培育出了一年四季都能栽培的菠菜品种，人们才能像现在这样全年都能种植菠菜。

North America

Japan

日本

日本明治时期以后

美国

The Pacific Ocean

Whale

2 吃了菠菜就能像大力水手一样厉害？ 涩味来自草酸

一提起菠菜，很多爸爸或者是爷爷那一代人就会想到美国的动画人物"大力水手波比"。大人们为了让小朋友多吃菠菜，常常会这样讲"吃了菠菜就能变得像大力水手一样厉害！"每当波比被情敌布鲁托欺负时，只要吃下一罐菠菜，就立刻变得非常强壮有力，然后轻而易举地打败布鲁托。实际上，菠菜有预防癌症和防止衰老的功效，营养价值极高。所以，父母们是想通过波比传达他们的意愿，希望孩子多吃营养丰富的菠菜来强健身体。

黄绿色蔬菜

所有的绿色蔬菜，从浅绿色到深绿色，都含有丰富的维生素和矿物质。日本厚生劳动省规定，每 100 克蔬菜中含有 600 毫克以上 β-胡萝卜素的蔬菜叫做黄绿色蔬菜。为了保证国民的身体健康，厚生劳动省建议，每人每天要吃 300 克以上的黄绿色蔬菜，而菠菜在黄绿色蔬菜的推荐名单中名列前茅。

营养均衡

作为植物的菠菜含有丰富的蛋白质、维生素（胡萝卜素，维生素 B_1、B_2、B_3、E、K、C 等）、矿物质（钙、磷、铁、钾等）、叶酸和植物纤维等营养。和其他蔬菜相比，菠菜营养均衡，富含各种营养素，所以才会被称为"黄绿色蔬菜之王"。

一盘菠菜相当于一瓶药

菠菜中的维生素能够预防癌症、心脏病，防止衰老，菠菜中的矿物质可以防治贫血和脚气，丰富的抗氧化物质对改善人们的亚健康状态也十分有效。在欧洲和美国，有这样的说法"一盘菠菜相当于一瓶药"，菠菜的功效可想而知了吧！

草酸

菠菜虽然营养价值很高，但吃起来有点儿苦涩，这种苦涩味道的主要成分是草酸，竹笋等食物吃起来口感发涩也是因为它们含有草酸。过去，人们发现焯水这种烹饪方法能够去除菠菜的涩味。在日本，虽然有人说吃太多菠菜会得肾结石，实际上，从来没有人因为吃了太多的菠菜而患肾结石。在美国，人们反而认为多吃菠菜能够刺激并强化肠道的蠕动，真期待今后科学家会对菠菜有更加深入的研究。通常，每100克生菠菜叶中含有800毫克草酸，只有一次食用1千克以上的菠菜，其中的草酸含量才会对身体造成危害。现在已经培育出了多种仅含有少量草酸的菠菜新品种，所以大家不用担心生吃菠菜会对身体造成危害。另外，如果在烹调的过程中先将菠菜焯水，那么菠菜中3~6成的草酸就会溶解到水里，所以完全不用担心。还有人食用菠菜时会感觉牙齿发涩，那是因为将菠菜焯水时，菜叶中的草酸会变成草酸钙并且形成结晶，当这些结晶附着在牙齿上时，我们就会觉得牙齿发涩。

硝酸

硝酸是比草酸更加可怕的有害物质。如果在种植菠菜时施加了过量的氮肥，所栽培的菠菜里就会残留硝酸。如果硝酸进入人体，就会在体内形成致癌物质（亚硝胺），并且会引发危害婴儿健康的"婴儿青紫症"。自己在种植菠菜的过程中，如果严加控制氮肥的用量，就不用担心。硝酸如果进入地下水循环，也会对环境造成污染，所以小朋友们要记住，我们自己种植菠菜的时候一定不要过量使用氮肥哦！

3 菠菜是雌雄异株的植物！

大家一定不会对动物分为雄性和雌性而感到奇怪，而植物基本上是雌雄同株的。也就是说一朵花里既有雄蕊，又有雌蕊，或者是一个植株上既有雄花又有雌花。但是，并非所有的植物都是雌雄同株的，也就是说，有的植物分为雄株和雌株，菠菜就是这类植物之一。实际上，在蔬菜中雌雄异株的现象是很少见的。

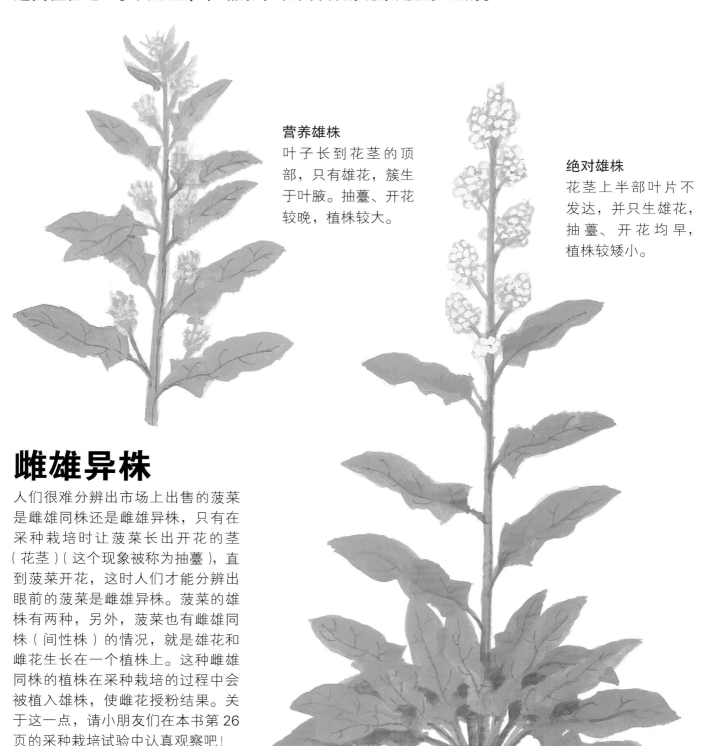

营养雄株
叶子长到花茎的顶部，只有雄花，簇生于叶腋。抽薹、开花较晚，植株较大。

绝对雄株
花茎上半部叶片不发达，并只生雄花，抽薹、开花均早，植株较矮小。

雌雄异株

人们很难分辨出市场上出售的菠菜是雌雄同株还是雌雄异株，只有在采种栽培时让菠菜长出开花的茎（花茎）（这个现象被称为抽薹），直到菠菜开花，这时人们才能分辨出眼前的菠菜是雌雄异株。菠菜的雄株有两种，另外，菠菜也有雌雄同株（间性株）的情况，就是雄花和雌花生长在一个植株上。这种雌雄同株的植株在采种栽培的过程中会被植入雄株，使雌花授粉结果。关于这一点，请小朋友们在本书第26页的采种栽培试验中认真观察吧！

雌雄同株（间性株）

叶子长到花茎的顶部，叶腋部雄花和雌花混杂生长。你来数一数，哪棵植株上的雄花多？哪棵植株上的雌花多？这类菠菜抽薹较晚，植株较大。

雌株

叶子长到花茎的顶部。只生雌花，长在叶腋。抽薹和开花时间适中，植株较大。

雄株和雄花

成簇的雄花排列呈穗状生长，无雌花，花萼（萼片、花瓣已退化）4裂，雄蕊4枚，花药纵裂形成两个。开花前一天变成黄色，以风为媒散播花粉。

雌雄同株（间性株）

同一植株上生长着不同比例的雌花和雄花。根据比例不同，有雄花和雌花各半的间性植株，有雄花多于雌花的植株，也有雌花多于雄花的植株。

雌株和雌花

只生长雌花的植株，雌花成簇地生长在叶腋上。花萼2~4裂，受精后就会结成果实而变硬。雌蕊有4~6枚。

4 向冬天的阳光伸展叶片的"太阳之子"

为了让所有的叶子都能沐浴到阳光、提高光合作用的效率，每两片菠菜的叶子从茎开始呈放射状生长，彼此并不重叠在一起。这样一来，冬天的时候菠菜的叶子就能充分吸收为数不多的阳光，叶片像蒲公英一样向四周伸展开来，看起来就像太阳之子。像菠菜叶子的这种生长形态被称为莲座状叶。为了储存营养，冬季的菠菜生长缓慢，同时，也是为了应对冬天寒冷的天气，菠菜中的糖分和C族维生素的含量显著增加。因此，冬天是食用菠菜最好的季节。另外，菠菜所有的叶子都能吃，一点儿也不会浪费。

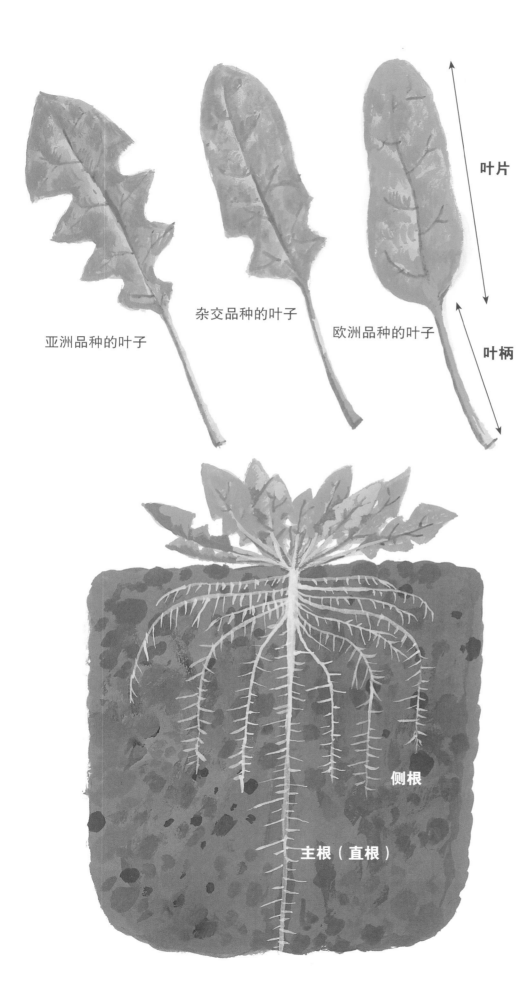

亚洲品种的叶子

杂交品种的叶子

欧洲品种的叶子

叶片

叶柄

侧根

主根（直根）

叶

菠菜叶的叶柄较长，叶端呈尖尖的长三角形或者是卵形，有的叶边是齿形边（锯齿形），也有不是齿形边的叶。菠菜叶肉的厚薄以及颜色的深浅表现出了明显的品种特征。

茎

菠菜的叶与根相连的部分是菠菜的茎，即使是长成的大棵菠菜，它的茎也仅有1厘米左右。等到菠菜抽薹以后，它的茎就会伸长，菠菜的花就长在伸长的茎上。虽然市场上出售的菠菜只能看到根与叶，但如果把叶子一片片撕掉，我们就能看到菠菜的茎了。

根

菠菜播种后，种子需要1周左右的时间才能发芽，但这个时候，菠菜的根已经至少有1厘米长了。当菠菜的子叶展开的时候，主根（直根）上已经开始长出侧根，整个根部向下延伸，稳稳地扎入地下。如果自然条件利于菠菜生长，2个月后，主根就能向下长出1米左右，形成结实牢固的根群紧紧扎入地下。菠菜根部的颜色因品种不同而彼此不同，既有红色的也有白色的。有的菠菜根部呈现红色，这是因为根里含有一种天然色素——花青素，一般来说红的根更甜些。

5 尖叶有刺种的亚洲菠菜和圆叶无刺种的欧洲菠菜（菠菜的品种）

如今，菠菜的品种有 100 多种，一年四季都能种植。这些菠菜大致可以分为三种：亚洲品种，欧洲品种和亚欧杂交品种。正如本书第 2~3 页中介绍的，从古代波斯传到中国的是亚洲品种，传到欧洲的是欧洲品种。此外，日本在二战后也培育出了很多菠菜新品种，这些菠菜都属于杂交品种。秋天是最适宜播种菠菜的季节，目前大约有 30 个菠菜品种用于秋播。

亚洲品种

亚洲品种的菠菜从古代波斯传入中国，经过长期的栽培改良后传入日本。亚洲品种的菠菜叶子是淡绿色的长三角形（戟形），叶肉较薄，有 3 个以上的锯齿，口感软嫩，容易咀嚼，味道好。亚洲品种有日本菠菜和禹城菠菜等品种，左图为日本种植的亚洲菠菜。

欧洲品种

欧洲品种的菠菜是从古代波斯经西班牙传入欧洲各国，经过改良形成的菠菜品种。菠菜的欧洲品种后来传入美国，进一步被改良并广泛种植。日本进入明治时期（1868-1912 年）后，这种品种的菠菜又从欧美传到日本。欧洲品种的菠菜叶子的叶面为深绿色，呈卵形或长椭圆形，叶端圆滑、叶肉较厚，多数种类的叶面微皱，抽薹较晚。德国培育出的"明斯特"菠菜的叶子和日本菠菜相似，有锯齿。欧洲的菠菜品种有"丹麦王"、"明斯特"等。右图是"丹麦王"品种。

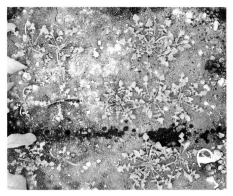

亚拉拉特山近郊的野生菠菜

亚拉拉特山被认为是菠菜的故乡，照片上的菠菜是在这座山的附近生长的与野生菠菜最相近的品种。虽然和蒲公英分属不同的科，但形状上很相似。

与野生菠菜相近的印度本土菠菜

照片上的菠菜是与野生菠菜最接近的印度本土菠菜。从形状上可以微微看出这种菠菜混入了栽培品种的血统。

有刺种

无刺种

杂交品种

从中国传入的亚洲品种和从欧美传入的欧洲品种，在日本大正末年到昭和初年这一时期，通过自然杂交形成了固定的系统，新品种的菠菜所具有的性质处于亚洲品种和欧洲品种之间。这为在日本的初期栽培做出了贡献。有治郎丸（次郎丸）、若草等品种。图片为次郎丸菠菜。

有刺种和无刺种

菠菜的种子分有刺种和无刺种。亚洲品种的菠菜是有刺种，欧洲品种是无刺种。近年来培育出的杂交品种基本上都是无刺种。无刺种外形基本上是圆形，有利于机播。我们把这些称为种子，实际上它们是菠菜的果实。

6　时令菠菜味最美，秋天播种是根本（栽培日志）

虽然现在一年四季都有菠菜，但是因为菠菜本来是耐寒的蔬菜，所以秋天和冬天才是菠菜的时令季节哦。菠菜极其耐寒，即使气温低至零下 5 摄氏度，菠菜也会缓慢生长，甚至气温低至零下 10 摄氏度，菠菜也能安全越冬。虽然如此，菠菜却不耐炎热，所以若是在夏天种植菠菜，就要给菠菜降温和遮挡强烈的阳光照射。

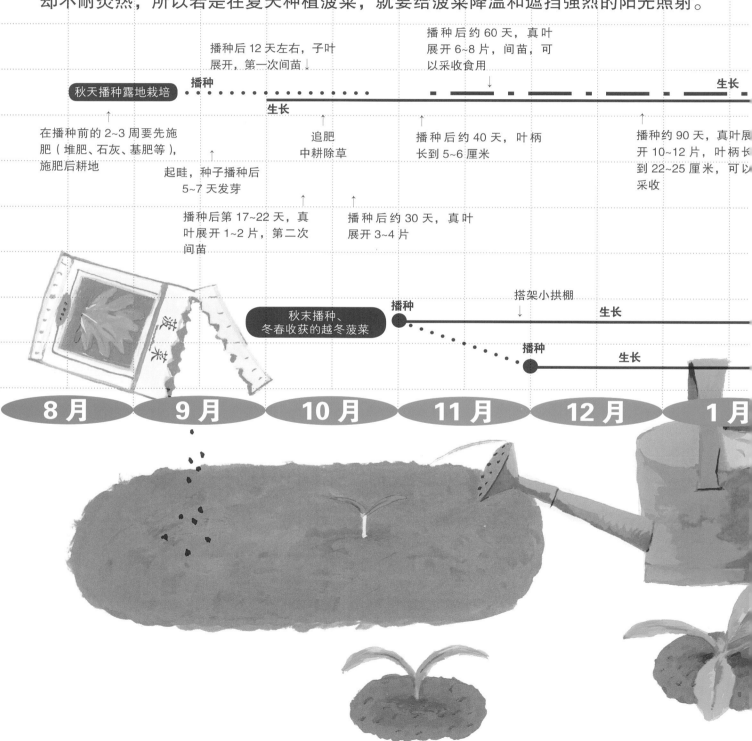

播种后 12 天左右，子叶展开，第一次间苗↓

播种后约 60 天，真叶展开 6~8 片，间苗，可以采收食用

秋天播种露地栽培　播种

在播种前的 2~3 周要先施肥（堆肥、石灰、基肥等），施肥后耕地

追肥
中耕除草

播种后约 40 天，叶柄长到 5~6 厘米

播种约 90 天，真叶开 10~12 片，叶柄长到 22~25 厘米，可以采收

起畦，种子播种后 5~7 天发芽

播种后第 17~22 天，真叶展开 1~2 片，第二次间苗

播种后约 30 天，真叶展开 3~4 片

搭架小拱棚

秋末播种、冬春收获的越冬菠菜　播种　生长

播种　生长

8 月　9 月　10 月　11 月　12 月　1 月

要记住适宜种子发芽的温度是 15~20 摄氏度，如果气温在 25 摄氏度以上，菠菜的种子就很难发芽。另外，栽培日志只是大致的参照标准，在比较寒冷的地区要早一点播种，而比较温暖的地区要晚一点播种。没有被采收的菠菜，到来年春天 4 月左右就会开始抽薹，然后在 5 月开花、6 月结果。6 月末左右就可以采收种子，然后对种子进行干燥处理。（关于这部分请看本书第 27 页）

深秋播种、冬春采收的菠菜可以看作是紧接着秋播菠菜的。如果在 11 月中下旬播种菠菜，最好要搭架小拱棚或覆盖塑料薄膜用以防寒。

种植春播夏收的菠菜时，要使用春播的品种，露地栽培就完全可以。春天播种的菠菜生长期短，所以一定要记得间苗、中耕、追肥这些环节都要尽早完成，其他的事项，与照料秋播菠菜相同。

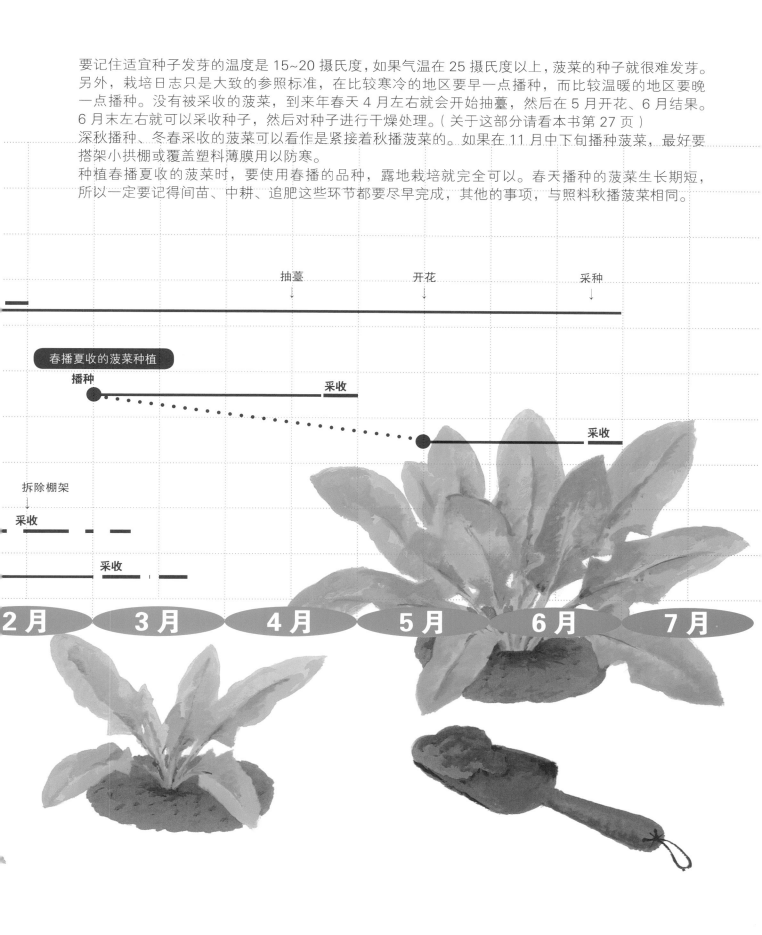

抽薹　　　　　开花　　　　　采种
　　　　　　　　↓　　　　　　↓　　　　　　↓

春播夏收的菠菜种植
播种　　　　　　　　采收
　　　　　　　　　　　　　　　采收

拆除棚架
↓
采收

采收

2月　　3月　　4月　　5月　　6月　　7月

13

7 让我们一起来播种吧！

为了能收获到最美味、最鲜甜的应季菠菜，我们一起来种植秋播菠菜吧！9月下旬是播撒种子的时节，小朋友们一定要参考前面的栽培日志来种植哦。首先，买种子时要确认购买的是不是秋播的菠菜种子。因为菠菜不耐酸，所以pH值（土壤中氢离子的浓度，也就是土壤酸碱性的指标）在5.5以下的酸性土壤会严重影响菠菜的生长，pH值为6~7的中性土壤则适合菠菜的生长。菠菜根不耐水，所以如果是在地下水位比较高的地方播种，记得必须要做高畦。接下来，让我们开始具体操作吧！

选择土地和土壤

播种前的2~3周要先着手准备菜地。种植菠菜的土地需要有充足的日照、肥力高（有机物含量多）、排水好。因为酸性的土壤不适宜菠菜的种植，所以大约每1平方米的土地要拌入100克左右的苦土石灰，同时撒上2千克左右的全熟的堆肥，然后用锄头翻耕土壤，翻耕的深度约30厘米。

基肥

撒过石灰和堆肥1周后，要记得施肥并耕地。大约每平方米的土地上要均匀地撒上150克化肥（氮∶磷酸∶钾=10∶10∶10）作为基肥，如果有机肥充足，最好使用有机肥，这样菠菜的味道会更好，菠菜叶上也不易残留硝酸。

苦土石灰

全熟堆肥

60厘米

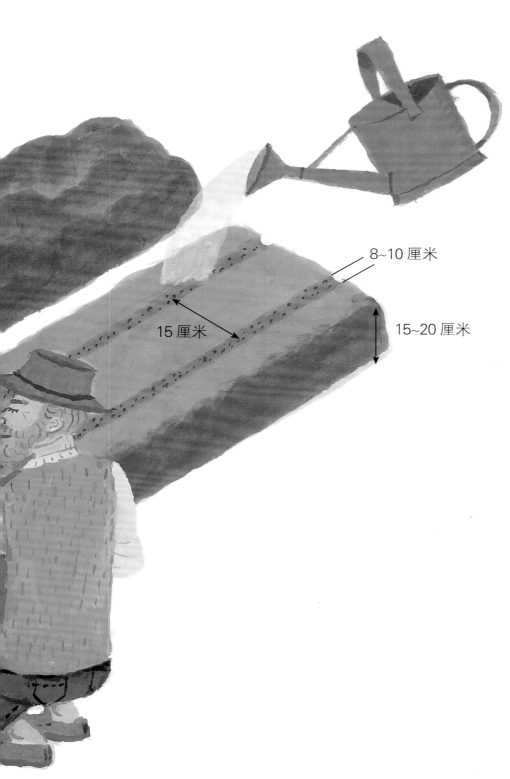

8~10 厘米

15 厘米

15~20 厘米

做畦

播种前一天，我们要先做出宽 60 厘米、高 15~20 厘米的菜畦。地下水位较高的地方就需要把菜畦做得高一些。

浇水

如果种植的土地较干，播种后就需要适量浇水。如果天气持续干旱，土壤相对缺水，那么在播种的前一天就要提前先浇水，让土壤变得湿润。

准备种子

为了方便机器播种，现在的菠菜种子基本上都是圆形无刺种。1 平方米左右的土地要准备 5~8 毫升的种子。如果是在秋天播种，直接将种子播撒到田里就可以，但是，如果气温在 25 摄氏度以上时，播种前就要用布袋将种子包起来，再用流淌的自来水细流将种子浸泡约 20 小时后再播种，这样一来种子播下去以后发芽情况会相对均匀。

播种

要用条播的形式播种。首先，在 60 厘米宽的菜畦上挖出 2 条宽 8~10 厘米、深 2~3 厘米的播种用沟槽，将种子平均间隔 2 厘米撒在沟槽里。播撒种子的时候要用拇指和食指捏着种子，像揉捏一般地播撒，这样就不会在同一个地方撒太多种子哦！撒种完毕后，在垄沟里再覆盖上约 1.5 厘米厚的土即可，然后轻轻将浮土压实。另外，如果土地较干，可以先浇点水湿润垄沟，然后再播种。

8 美味的菠菜需要精心的照料

播种后，5~7天种子就开始发出嫩芽，种植菠菜一点儿都不难吧！但是，要注意的是虽然种植不难，可如果不精心照料的话，是种不出真正美味的菠菜的。小朋友们，记得每天要跟菠菜"聊天对话"，仔细地关注菠菜的成长，看看菠菜有没有生病、有没有生虫子，看看菠菜的叶子是不是很精神地生长。另外，土壤干不干、有没有生杂草，以及田地的情况等，都要细心地观察。

浇水

在菠菜种子发芽前，为了保持土壤的湿润，晴天时要记得每1~2天浇一次水。播种5~7天后，菠菜的种子就会发芽。发芽后，起初每2天浇一次水，接下来就要减少浇水的次数。

间苗

子叶展开后，如果每墩长出的幼苗超过2棵，就要将多余的苗拔除，而只留下1棵。当长出2片真叶时，为了保证植株的间距在5厘米以上，要进行第二次间苗。

中耕除草

大约在真叶长出 4 片、叶柄长到 5~6 厘米的时候，轻轻地在菜畦上锄地松土（这就是中耕），将杂草除掉。

追肥

在中耕的时候还要记得施肥。大约每平方米的土地要施加约 5 克化肥（氮：磷酸：钾 =10:10:10），化肥要施在行间（两行植株中间的位置）。当真叶长到 6~8 片，叶柄长到约 20 厘米的时候，大家就可以一边间苗，一边采收菠菜了。这个时候，最好将植株的间距保持在 10 厘米左右（具体内容请参照本书第 20 页）。

9 遇到这样的问题该怎么办呢?

我们都喜欢吃菠菜的嫩叶,但正是因为菠菜的叶子很嫩,所以承受不了强风暴雨,这样一来,如果遇到强风暴雨,叶子受损该怎么办呢?又或者菠菜生病、遇到虫害时又该怎么办呢?

遭遇强风暴雨

强风暴雨过后,要摘除叶柄上已经折断的叶子和严重受损的叶子,并且要把重叠在一起的叶子彼此掰开。如果菠菜受害严重,那就放弃种下去,干脆把菠菜摘下来吃吧!虽然会觉得遗憾,但也没办法,我们可以再重新播种培育幼苗。如果恰好是容易积水的田地,在最开始播种的时候最好把菜畦做高一些。

菠菜被水淹了!

如果菠菜都被淹在水里,首先最重要的工作是排水,将菜畦中的水排出后,要把被泥土弄脏的叶子清洗干净。等菜畦里的水退去以后,要锄地、松土,增加土壤的通气性。如果菠菜在水里泡了 3 天,根部就会腐烂枯死,无法恢复,遇到这种情况就放弃吧。

病虫害

种植秋菠菜遇到的病虫害主要有苗期立枯病、霜霉病、甘蓝夜盗虫和蚜虫。

霜霉病

霜霉病发生在气温较低的深秋时节。菠菜的叶子背面会出现灰白色的霉菌斑，如果不及时处理，霉菌就会扩散，那么整片叶子就会变成灰黄色并枯萎。如果采用能够抵抗霜霉病的菠菜品种就可以解决这个问题。另外，如果是排水较差的土地就要改善排水条件，做高菜畦。如果植株杂乱、植株的下部通风条件差，菠菜也容易得霜霉病，所以要尽可能地拉开菠菜的间距，并且要保证不断肥、及时追肥。

苗期立枯病

从种子发芽到长出 2~3 片叶子的这段时间，菠菜容易发生这种疾病。这种病的表现为叶子枯萎、接近地面的部分变细、根部变成褐色并腐烂枯死。因为在潮湿的环境下菠菜容易患这种病，所以菜畦要做得高、播种前要给土地充分浇水，确保发芽到长出 2~3 片真叶的这段时间里地表相对比较干燥。另外，浇水时要取下喷壶的喷头，从两列植株的中间浇水，注意不要把水洒到菠菜上哦！

蚜虫

蚜虫会成群地聚集在新叶上吸取叶子的汁水、使菠菜叶子皱缩。如果菜畦附近有别的菜地，菠菜就很容易受到这种虫害，所以选菜地时候注意要尽早除去杂草。如果一棵菠菜招了蚜虫，那其他菠菜也很容遭受虫害，所以大家要仔细观察，及时拔掉有虫子的菠菜，或者抓一些蚜虫的天敌——瓢虫放在菜地，也是不错的办法。

甘蓝夜盗虫

这种虫子会吃菠菜的叶子，所以尽量在虫子还小的时候就找到它们，用筷子或镊子把它们夹除。总之，每天都要仔细观察，除虫非常重要。

10 终于要采收啦！

秋天播种的菠菜生长速度缓慢、生长期长，所以不用像采收春、夏两季播种的菠菜那样，在收获期一次全部采收。一般情况下，播种 60 天左右（长出 6~8 片真叶，叶柄长到 15 厘米左右）就可以开始间苗采收、逐渐增加株距，大家可以在需要的时候随时采收。有些地方冬天无雪，菠菜就可以越冬生长到 2 月份左右，要知道经历过严寒考验的菠菜会更甜、更好吃，这才是真正的时令菠菜！

秋播菠菜采收的大致时间

一般来说 9 月下旬播种的菠菜在 11 月下旬收获比较合适，这时候菠菜的叶柄长 22~25 厘米，真叶大概有 10~12 片。

什么是间苗采收？

当菠菜长到一定程度，如果菜畦间的菠菜比较拥挤，那么可以将相对成熟、长得较大的菠菜率先采收，这就叫做间苗采收。间苗采收后植株间的距离变大，这样一来留下的菠菜就能好好生长了。间苗采收能够让人们一边享受采收的乐趣，一边做农活，所以经常用于家庭菜园中。因为要直接拔掉多余的菠菜，间苗采收时容易伤到留下来的菠菜根部，所以最好用小刀或菜刀——把刀插入要采收菠菜的根部 2~3 厘米深的地方，截断，这样就没问题了。秋天播种的菠菜多是红根的品种、比较甘甜，所以带根一起采收会比较好。

留苗的管理

间苗后留在地里的菠菜，在根部零散地撒上化肥就可以了，化肥的用量每平方米20~25克。大约在间苗之后的一个月里菠菜会变得更好吃，因为菠菜中的糖分和维生素含量都有所增加。因此，如果种植菠菜时能够依次采收的话，种植的过程会很有趣。

如何保存

菠菜采收后首先要去除枯萎的叶子，然后仔细用水清洗菠菜根部，每200~400克一匝装到塑料袋里，放入5摄氏度以下的低温环境中保存，这是比较适宜的保存方法。菠菜中的C族维生素在室温（20摄氏度）环境中2天就会减少一半，但若是装袋后放入冰箱的果蔬室里，5~7天内C族维生素的含量几乎不会减少。

11 在阳台上试试盆栽菠菜吧！

即使没有菜地，我们也可以很容易地在花盆里种植秋播菠菜。一起来尝试一下吧，一起来享受种植菠菜的乐趣！在阳台种植菠菜的同时，你还可以尝试种植与菠菜相近的莙荙菜。比起菠菜，莙荙菜从中国传入日本的时间稍晚一些，被称作"唐萵苣"、"不断菜"，是一种在 4 月份播种、夏天采收，适应力很强的蔬菜。莙荙菜作为夏季蔬菜，很受人们欢迎。烹饪的时候，用芝麻醋为佐料制作的拌莙荙菜非常可口。

花盆放置的地方

如果在 9 月中旬播种，这时候天气比较热，最好把花盆放置在没有太阳直射（但不是背阴朝北）的地方。随着气温的降低，请把花盆移到朝南的阳台、露台或屋檐下。

准备花盆和土

种菜的容器要用大号花盆或者深度在 20 厘米以上的木箱、泡沫箱等，在底部为它们开几个排水孔就可以使用了。土壤要使用肥力高的旱地土（混入 2~3 成的腐殖土）或者蔬菜专用培育土。使用旱地土时要加入苦土石灰，用量为 10 升的土混合 20 克苦土石灰。播种时，提前 10 天将花盆盛满土，用喷壶洒上充足的水后，将土静置。

播种

像在田里播种一样，要选择秋播菠菜品种。可以在大花盆里种 2~3 排（横向排间距 10 厘米左右，距花盆两侧距离较窄）菠菜，先将木板插在土里挖出 1~1.5 厘米深的播种用垄沟，然后大约每 2 厘米撒一次种子。播种后，在垄沟里盖上约 1 厘米厚的土并轻轻压实。如果土壤比较干的话，播种前要先浇水，播种后到发芽之前每天一般浇一次水。

种植后的管理

播种后 5~7 天菠菜就会陆续发芽了。子叶展开后一定要间苗，要保证幼苗间的距离在 2 厘米左右。第一次施肥要把液体化肥稀释 1000 倍后再使用，之后每隔 4 天施一次液肥。菠菜苗很小的时候可以用喷壶像洒水一般给幼苗施肥，但在第二次间苗（长出 1~2 片真叶）后，施肥时要将喷壶的花洒取下，慢慢地从两行菠菜中间的地方浇肥。如果行间的土壤变硬，要用竹刮刀之类的东西进行中耕松土，松土时要小心，不要伤到菠菜根。

采收

当菠菜长到大小合适的时候，就可以依次间苗采收、随采随食用。

莙荙菜的种植

夏天不利于种植菠菜，所以莙荙菜一直作为菠菜的替代品被人们广为利用。莙荙菜一般在 4~5 月播种，5~6 月就可以按顺序进行间苗采收，使株距保持在 30 厘米左右。留下的菜苗长成后，人们就可以从最下面的叶子开始按顺序每次采收 1~2 片来食用了，整个夏季都可以这样。如果是在 9 月份播种，10 月开始就能间苗采收，到株距为 30 厘米时，间苗后留下的莙荙菜苗会长成大棵的莙荙菜，直到第二年春天抽薹的时候都可以采收。

栽培方法

如果是在田间种植，可以做出 40~50 厘米宽的菜畦，并在畦上挖一条播种的垄沟，种植最后株距变为 30 厘米的大棵莙荙菜。如果是在花盆里种植，可以在大花盆里种 2 排，最后剩下 3~4 棵长成的莙荙菜持续采收。因为莙荙菜的种子是菠菜种子的 2~3 倍大，所以垄沟要挖大约 2 厘米深，虽然莙荙菜发出的芽参差不齐，但是莙荙菜的植株与菠菜相比更为结实，所以几乎不受病害的困扰。其他的步骤按照菠菜的种植顺序就可以了，大家也一起来尝试种一下莙荙菜吧！

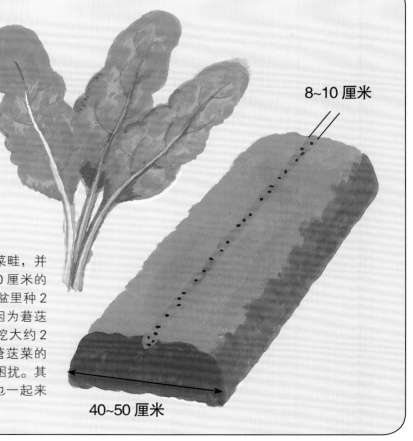

8~10 厘米

40~50 厘米

12 菠菜小试验：酸性土壤栽培和无土栽培

菠菜在酸性土壤中生长得特别不好。和普通的土壤相比，酸性土壤对菠菜的生长有多大影响呢？我们一起来做个试验吧！大家还可以通过无土栽培来观察菠菜根部，还可以知道种子经过高温处理后，抑制发芽的物质是如何起作用的。菠菜原来可以做各种有趣的栽培试验，真是有趣的作物啊！

pH 值为 6~7 的蔬菜专用培育土

中性土壤

试着在**酸性**土壤中种菠菜

培育用土壤的准备：请在播种前两周着手准备。要准备三个大号花盆。其中一个盆放入 pH 值为 6~7 的蔬菜专用培育土（即中性土花盆）。另外两个花盆，一个花盆放入蔬菜专用培育土和进口泥炭藓（不可以是园艺用泥炭藓）各一半，另一个花盆放入同样的混合土后再拌入 10 克石灰。没放石灰的就是酸性土花盆，而放了石灰的就是酸性改良土花盆。

播种：每隔 2 厘米挖一个 1 厘米深的土坑，每个土坑里放 2 粒种子，每个花盆里可以种 30 粒种子。然后盖好土，用水浇透。

管理和观察：种子发芽前一定要不断浇水以免土壤缺水，同时观察这期间种子的发芽情况和生长情况。当长出子叶后要间苗一次，确保一个坑里只留一棵植株。当长出两片真叶后再间苗一次，确保一个花盆里只留 5 棵植株，并继续观察种子的生长情况。

二分之一进口泥炭藓　　　酸性土壤　　　二分之一蔬菜专用培育土

改良土壤　　　石灰　　　二分之一进口泥炭藓　　　二分之一蔬菜专用培育土

无土栽培

准备材料：可以放置笨篱的塑料桶一个、直径 16~20 厘米的笨篱一个、1 厘米厚的海绵（固苗用）、气泵一个、营养液（请看卷末解说）、育苗用箱型花盆和河沙。

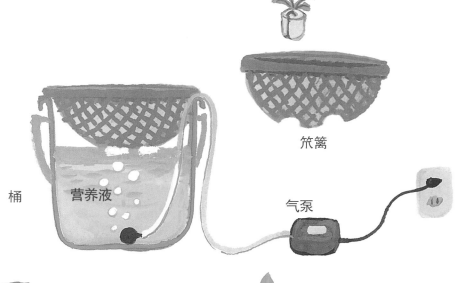

桶　营养液　气泵　笨篱

海绵

1. 播种：在箱型花盆中放入 10 厘米厚的河沙，横向播种，每粒种子间隔 2 厘米，然后浇水，这样一直种到长出两片真叶为止。在这期间要准备好无土栽培用的器具。

2. 苗的处理：用竹制刮刀将长出两片真叶的幼苗完整挖出，注意不要伤着根。然后，用手指捏住幼苗根部，将其放入装有水的玻璃杯中并轻轻抖动使泥沙脱落。如图所示，用海绵把根茎交界处包住，然后把它固定在笨篱上特制的三个小孔中。

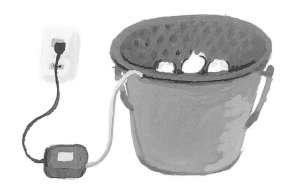

3. 营养液的准备：按照说明书的要求稀释营养液，水要没过笨篱底部，然后开启事先准备好的气泵。

4. 管理和观察：将幼苗放在光照好、雨淋不到的地方，营养液每周一换。每隔 3~5 天将笨篱从塑料桶上取下，以便观察根的长度和数量。当长出 8~10 片真叶时就可以摘下食用了。试验结束后，记得用洗涤剂将器具清洗干净。

13 采种子啦！抑制发芽的小试验

所谓抽薹就是为了开花结果而让茎长长。菠菜一般在日照时间长、幼苗时期遇寒等情况时，就会长出成为花基的芽，然后就会抽薹。由于品种不同，抽薹有早有晚。亚洲菠菜都是在秋季播种，越冬时期采摘，春季开始抽薹，六月左右即可采种。因为种子中含有抑制发芽物质，如果不做任何处理就种下去的话是不会发芽的。

用自采种来尝试播种

秋播的植株越冬后，次年六月左右便可采摘新种子了。春天菠菜抽薹后，记得观察一下雄株、雌株以及雌雄同株的区别。如果抽薹的植株长得太长，快要倒下的话，可以绑上支撑棍。当有微风吹过时，花粉就会从雄株飘落到雌株雌花的雌蕊上自然授粉，而当无风时就要用手动的方式让雄株靠近雌株，并轻轻晃动来进行授粉。授粉后雌株底部三分之一处呈黄褐色，种子（主要指果皮）由黄绿色变成黄褐色，然后从根部割下植株并打成捆，将其倒吊在雨淋不到且光照充足的地方晾干。当种子干得发白时可用手取下，剔除杂质后装进纸袋，密封好后放入带有干燥剂的茶叶罐中保存。

关于**抑制发芽物质**

的小试验

采种后，一定要在两个月以内进行试验，因为抑制物质存于种子的果皮当中，所以一定要在两个月以内进行试验。把果皮取下以后会怎么样呢？试验一下便可见分晓。

1. 剥皮去除抑制物质

①用小刀将果皮剥掉取出种子。

②先将两张滤纸用蒸馏水蘸湿，重叠放入培养皿中。然后将 50 粒去皮的种子和 50 粒没去皮的种子分别放入两个培养皿中。最后将盖子拧紧，放置在室温 20 摄氏度左右的地方发芽。

③每隔一天进行一次发芽情况观察调查并加以比较。

2. 高温去除抑制物质

①将装有种子的培养皿在 60 摄氏度的恒温机中放置 3 天（即高温处理）。

②将高温处理过的种子和未经处理的种子一起再按照上面的方法进行发芽试验，并观察发芽种子的数量。

14 加工的方式决定菠菜的味道

要想通过焯水制作美味菠菜，随便焯一下是绝不行的。想当然地以为"只要焯一下就可以了"，常常会不知不觉地随便煮一下。要想完全去除苦涩味又不让美味流失，同时还要保持翠绿的颜色和适宜的口感，关键是要把握好焯水的时间。

焯水的时间

最佳的焯水时间是 2~3 分钟。涩涩的草酸减少了，维生素 C 又不至于流失太多，色泽、口感也都恰到好处。要是年轻人吃的话，焯两分钟就可以了，而要是更喜欢偏软一点的口感就可以焯 3 分钟。

去掉苦味

焯水 1 分钟会有 20%~30% 的草酸溶于水中。焯水后再冲冷水 2~3 次，草酸溶解的量会更多。为了去掉苦味，菠菜焯水后最好再冲冷水。而且被冷水冲过的菠菜会更翠绿。

要焯得鲜嫩爽口

请按如下步骤操作。

①在锅里放足量的水，烧开，放入一小撮食盐，然后先把茎放进水里，待茎变软以后再放叶。

②冲过凉水以后要立即捞出，在水中浸泡的时间过长将会影响口感哦。

各种口味的拌菜

菠菜可以拌芝麻、拌萝卜泥、拌黄油、拌奶酪、拌蛋黄酱，只要是你喜欢，想怎么拌就怎么拌，菠菜是很百搭的凉拌用蔬菜。就请尽情展现你的烹调创意吧！

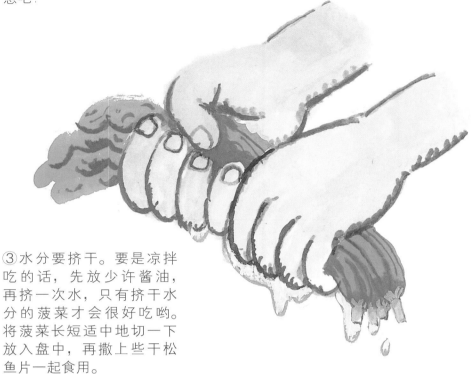

③水分要挤干。要是凉拌吃的话，先放少许酱油，再挤一次水，只有挤干水分的菠菜才会很好吃哟。将菠菜长短适中地切一下放入盘中，再撒上些干松鱼片一起食用。

生食沙拉

刚摘下的菠菜嫩叶做成生食沙拉是很美味的。在欧美，因为有"涩涩的草酸有益健康"这样的说法，所以人们并不那么讨厌生食菠菜沙拉。尽管有专门的沙拉用菠菜品种，但是近来的杂交品种苦味没有那么重，所以大部分都是可以生吃的。要想吃好吃的生食菠菜，最好是选刚长出 4~5 片真叶的嫩菠菜，这样的菠菜草酸含量少一些。 另外，减少氮的施用量种出淡绿色的叶子是关键。菠菜可以烹调成各种料理，是很百搭的哟！

多吃

要想像大力水手那样吃很多菠菜，就要把菠菜切成 5 厘米左右的段，然后和切成薄片的猪肉一起涮日式火锅，再配上橙汁醋味酱油，简直就是人间美味！这样就可以吃下好多的菠菜了。

菠菜沙拉

菠菜也可以和甜橙、火腿、意面搭配，再配上自己喜欢的沙拉调料一起食用 。

15 菠菜配黄油，味道棒极了

一提到菠菜，我们最常用的烹饪方法就是炒和凉拌。而西餐恰恰相反，它把菠菜和黄油、奶酪、奶油、鸡蛋等食材进行搭配，口感厚重，别有一番滋味。特别是用黄油炒过的菠菜酱汁、猪油火腿蛋糕、奶油果馅饼、法式卤咸派、奶油烤蛋挞、法式焗菜、意面等，已经完全变成了既有深度又有品味的菜肴，让人不禁感慨"这还是蔬菜吗？"据 说 嫁给法国国王亨利二世的意大利佛罗伦萨时期美第奇家族的千金凯瑟琳·德·美第奇爱吃蔬菜，所以就专门从意大利带了厨师作为陪嫁，好为她烹制添加菠菜的菜肴。因此，名为佛罗伦萨风格的菜肴里都会添加菠菜。

黄油炒菠菜

食材：菠菜 1 把，黄油 3 大匙，盐、胡椒少许。

制作方法：①把控净水分的菠菜切成 5 厘米长短，并将叶和梗分开。②黄油加热后，先放菠菜梗翻炒 30 秒，再放菠菜叶，再依次放入少许的盐和胡椒，轻轻翻炒 1 分钟左右即可出锅。

加了菠菜的法式焗菜

食材：菠菜 300 克，煮鸡蛋（最好五分熟）2 个，白汁沙司 1 杯半（选用不太粘稠的），可溶奶酪 4 大匙，黄油 1/2 大匙。

制作方法：①先将菠菜焯水并挤干水分，拌入白汁沙司后放进大型烤盘。②把煮鸡蛋从中间切开，将半个鸡蛋没入菠菜中。③最后再撒上可溶奶酪，放上黄油，放进烤箱烤制即成。

菠菜奶油烤蛋挞

食材、用具：直径21厘米的模具1个，菠菜300克，市面有售的馅饼皮（尺寸约是20厘米×20厘米）1张，切碎的香菜2大匙，披萨用格鲁耶尔干酪60克，灌入点心中用的馅料（鸡蛋3个，牛奶360毫升，鲜奶油300毫升，盐2/3小匙，胡椒、肉豆蔻少许），高筋面粉，黄油。

制作方法：①在直径21厘米的敞口蛋糕模具底部抹上一层薄薄的黄油，然后撒上高筋面粉并抖掉多余的面粉。在馅饼皮上撒上面粉，用擀面杖将馅饼皮擀成边长32~34厘米的正方形。然后将擀好的馅饼皮铺满模具，并将多出来的部分去掉。然后从馅饼皮的一端卷起，留1厘米左右的宽度向内卷。再将卷好的馅饼皮放进冰箱醒制1小时。

②在碗里把鸡蛋打成蛋液，并将其余的馅料一并放入搅拌均匀。

③烧热平底锅，在锅中融化一块黄油，然后把洗净沥干后切成3厘米长段的菠菜放进来一起翻炒，炒好后盛出，放入平盘晾凉备用。

④将烤箱预热至200摄氏度。

⑤把馅饼皮放入定型模具中，并依次放入炒好的菠菜、荷兰芹和奶酪各一半，然后倒入搅拌好的流动馅料液，再将剩下的菠菜、荷兰芹和奶酪放在上面。

⑥200摄氏度的烤箱中烘烤10分钟，表面上色后，将温度调低至180摄氏度，再烤20~25分钟。

⑦晾凉后从模具中取出，便可切开享用了。

详解菠菜

1. 从古代波斯传遍东西方

菠菜的来历 研究物种起源的世界级学者瓦维诺夫（1929 年）通过多项调查研究得出了菠菜原产自中亚、近东地区这一结论。然而其他学者中有人却认为菠菜的原产地是在亚洲西部。对菠菜有深入研究的杉山信太郎，通过多年的调查研究后表示：菠菜真正的原产地是从高加索到伊朗的亚洲西南部地区。

被视为原产地的中心地区，即从高加索到伊朗地区和亚拉拉特山高地均为极寒气候，所以在这样的环境中生长的菠菜都有很强的抗寒性，即便是在低温环境下也可以茁壮成长。

2. 吃了菠菜就能像大力水手一样厉害？ 涩味来自草酸

菠菜的营养价值 就以 2001 年第 5 次修订的蔬菜类食品标准成分为参考。和 20 年前的数据比较后可以发现，现在蔬菜中维生素的含量大幅降低了，有的甚至减少了一半以上。就连菠菜中的维生素 A 也减少了一半，维生素 C 减少了 1/3 呢。原因就是以前是以应季（秋季播种）蔬菜为基准，而现在却是以全年种植的平均值（其中夏季栽培和温室栽培的数值是很低的）为基准。因此学校园艺农场的秋播露天菠菜要比其他菠菜的营养价值高。

关于蔬菜的功能 其中作为营养供给源的功能被称作第一功能，与喜好（主要指对色、香、味等的喜好）相关的功能被称作第二功能，而与身体调节（即抗氧化、抗变异、抗癌、调节血压、调节胆固醇等）有关的功能就是第三功能。现在越来越注重三种功能的综合效果。菠菜在第三功能中的抗癌、预防贫血、抗老化等方面的效果都受到很高评价。**关于藜科植物和草酸** 草酸属于植物性自然毒素。和其他植物相比，藜科植物（菠菜、莙荙菜、小藜等）由于遗传因素而含有大量草酸。其中菠菜中的草酸含量尤为丰富。除此之外，笋、番杏、阳藿、姜和珊瑚菜等植物中也含有草酸。

藜科植物中为何含有大量草酸，至今仍是一个谜。不过或许这些植物在地球上生活的上千万年中曾经受到过什么伤害，为了保护自己，也为了将这项本领传给子孙后代进而从体内产出的一种毒性物质（即活体防御物质）。也就是说，也许这些蔬菜是为了不被昆虫、鸟类蚕食，进行自我保护而带有毒素。

硝酸的危害 硝酸盐一旦进入人体，就会变成亚硝酸直接作用于血红蛋白，进而产生正铁血红蛋白。当人体内的正铁血红蛋白的含量达到 5%~10% 时，血液的含氧量就会大大降低，就会出现皮肤青紫的情况。即使是对成人无害的剂量，但对婴儿按照体重比例来说，硝酸盐的量仍然过多，很容易对婴儿造成伤害。一旦血液缺氧，脸和手脚就会由青紫色变成暗紫色，这种硝酸中毒的婴儿被叫做"青紫婴儿"。

3. 菠菜是雌雄异株的植物！

植物和性别 大部分的植物都是雌雄同株（即同一植株中既有雌花也有雄花），极少数是雌雄异株（即雌花和雄花不在同一植株）。木本植物中最广为人知的是银杏，草本植物中有麻和酸模等，蔬菜中众所周知的就是菠菜。

雌雄同株的菠菜抽薹较晚，为了将其用于培育抽薹较晚（晚抽）的品种，也同时培育出了雌雄同株植株比较多的系统。

4. 向冬天的阳光伸展叶片的"太阳之子"

莲座丛植物 因为荠菜、蒲公英、菠菜等的叶序（即叶子的排列规律）和蔷薇花一样，所以被称为莲座丛植物。菠菜的外形本来就具有开张性，它的叶片是展开的。到了寒冷的冬季，菠菜就会呈现这种状态。

维生素含量的变化

	维生素 A（IU）				维生素 C（mg）			
年份	1954 年	1963 年	1982 年	2001 年	1954 年	1963 年	1982 年	2001 年
菠菜	8000	2600	1700	4200	100	100	65	35
小松菜	6000	1800	1800	3100	95	75	75	39
茼蒿	6000	2000	1900	4500	50	50	21	19
卷心菜	50	33	10	50	80	50	44	41

高温季节，生长速度快，菠菜就会疯长，因而叶片就会从半直立状态变成直立状态，而且密集栽培的叶子都是直立的，那样就无法充分享受到太阳的照耀。要是在学校等地的菜园中种菠菜的话，要提早间苗以拓宽植株间的距离，从而使所有的叶片都能沐浴到阳光，将它们都培育成"太阳之子"。

5. 尖叶有刺种的亚洲菠菜和圆叶无刺种的欧洲菠菜（菠菜的种类）

系统品种的抽薹性　菠菜是长日植物，日照达12个小时和低温（0~5摄氏度）的情况下，就会花芽分化（为了开花而发芽），而温暖的气候再加上长时间的日照就容易抽薹。通常情况下，亚洲菠菜和杂交种菠菜在春、夏季由于日照时间长而抽薹早，所以要在日照时间短的秋、冬季栽培；而欧洲菠菜就算日照时间长，抽薹还是比较晚，所以要在日照时间长的春、夏季栽培。而杂交菠菜中的亚洲杂交亚洲菠菜和亚洲杂交欧洲菠菜，相对来说这两种菠菜抽薹早，适合夏末至初春时节栽培；而欧洲杂交亚洲菠菜和欧洲杂交欧洲菠菜，相对来说这两种菠菜抽薹晚，适合春、夏季栽培。

6. 时令菠菜味最美，秋天播种是根本（栽培日志）

菠菜的全年栽培　在日本，以前菠菜主要栽培于府县的秋、冬季，夏季的北海道也有少量栽培。不过昭和三十五年（1960年）以后，由于品种改良技术的成功，而开发出了在春、夏季也可以栽培的新品种（杂交品种），这样在日本全国范围都可以全年栽培了。这是品种与栽培时间的一种完美结合。菠菜怕热，所以盛夏时节，菠菜要在相对凉爽的高原或是寒冷地区才能生长，还开发了一年可以连续采收4~5次的塑料大棚种植法。在积雪较多的寒冷地区，也有把雪当作保温墙的栽培方法和灌寒风栽培法（即采摘前打开大棚底部，灌入寒冷的空气，以便增加菠菜的糖分和维生素），这样一年到头新鲜菠菜都会源源不断上市（当然盛夏的产量还是不足）。耐热、耐寒、抗病性强的品种研发也有了新进展。

由于无土栽培、沙培方式（沙地栽培）、植物工场等特殊栽培技术的应用，使得一年采收10次菠菜已经成为可能。去这样的农场、单位参观学习一下上述栽培方法也是很有意思的。

7. 让我们一起来播种吧！

种子的形态　有刺种（针形）有遗传优势（更易形成针形），所以接近原始种的亚洲菠菜大都属于有刺种，而经过改良的欧洲菠菜品种除了"敏斯特兰德"（齿状叶）以外，其余都属于便于处理的无刺种。

关于种子发芽　因为菠菜种子采摘后3个月内（即从6月份采摘的话直到9月份）含有休眠物质，所以即便是把种子种下去也不会发芽。这种休眠物质（即抑制发芽物质）存在于种子的果皮和种皮之中，3个月后才能分解，种子才能发芽。在采种后立即对种子进行高温处理（即在60摄氏度的温度下放置3~5天），这种休眠物质即可被分解。而直接将果皮去掉的种子即便是发芽了也是不完整的。不过市面上实际出售的种子大都是前一个年度生产的，所以都会正常发芽。

虽说是秋季播种，但受近来的全球温室效应影响，即便是在秋季，持续高温的天气情况也时有发生。这种情况下最好事先将种子在流水（即从自来水管中不断流出的水）中浸泡20个小时，这样出芽情况较好。需要注意的是，浸泡时间过长会影响果皮的透氧性。对泡过水的种子再进行催芽处理（出芽），可以确保出芽。出芽的方法是，将在流水中浸泡了20个小时的种子用湿毛巾包好，在20摄氏度的温度下放置2~3天，果皮裂开后会露出白色的嫩芽（根）。当嫩芽长到2~3毫米的时候最适宜种植。出芽的种子播种后，关键是要按时浇水，以防土壤缺水。而使用去掉果皮的裸种播种的话出芽更快。

8. 美味的菠菜需要精心的照料

和植物的沟通　菠菜种子长出嫩芽后，我们就可以和它们说说话，鼓励它们茁壮成长。并且要中耕除草培土，旱了涝了要及时治理，为了防止病虫害，每天都要悉心照料。受到如此这般精心照料，菠菜自会茁壮成长，从而为我们提供营养丰富的美味。

9. 遇到这样的问题该怎么办呢？

根的生长和水　植物是通过密集生长于细根前端的根毛来吸收水分的，用根毛的伸长部分来吸收养分和呼吸。如果把一把土看作100%的话，理想的土壤是由一半（50%）土壤微粒子和各占四分之一（25%）的空气和水分构成的。这种土壤结构被称为团粒结构（土壤微粒子聚在一起形成团粒状结构，孔隙便于通风保水）。

堆肥等有机物掺入土壤后，被土壤中的微生物分解成腐殖质，最终形成团粒结构土壤。充分发酵后的堆肥中的蚯蚓也在不停地为团粒结构的形成添砖加瓦。因此蚯蚓数量多就是土壤肥沃的最好证明。而且在栽培管理时，可以将已经定型的垄轻轻地翻一下（即中耕），这是使土壤松软通风最重要的步骤。另外，土壤中含有一定量的水也是根系生长发育不可或缺的条件。不过若是大雨使得垄被淹没，根就无法呼吸，这种情况若持续2~3天，根就会窒息枯萎。所以在地下水位高的地方和容易被水淹的地方一定要把垄修高。

液体肥料（液肥）　液肥比化肥见效快，按适当比例

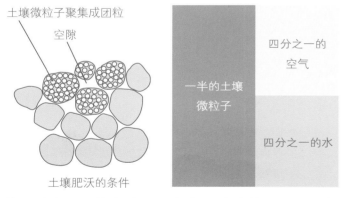

稀释后施用，兼有施肥和浇水两种功能，是一种便捷肥料。尽管文中没有明确标出液肥的成分配比量，但以下给出了市售的几种液肥，包括住友液肥1号（氮：磷：钾=15：6：6），住友液肥2号（氮：磷：钾=10：5：8），组合液肥（氮：磷：钾=12：5：7），园艺肥（氮：磷：钾=5：10：5），复合肥（氮：磷：钾=12：12：16），花草肥（氮：磷：钾=13：13：13），以及作为有机液肥（原成分是植物）的多木有机液肥21号（氮：磷：钾=12：3：4）和多木有机液肥22号（氮：磷：钾=8：3：5）等。蔬菜类的种植一般多用住友液肥1号。

10. 终于要采收啦！
这是一个仔细观察菠菜形态的绝佳机会　采收时子叶（双子叶）若完好无损（常见于间苗采收和箱型花盆种植），就证明菠菜生长正常。当菠菜开枝散叶

后，你会发现大部分的叶子都没有重叠，而是向四面八方伸展，因此它才被称为"太阳之子"。从根部依次取下叶片比较后可以发现，从长出8片以上真叶的植株上取下的叶片如属于亚洲菠菜，叶片呈枪形，边缘锯齿状，如属于欧洲菠菜，其叶片是前端呈圆形的椭圆形。但无论是哪一个品种，在刚长出1~3枚叶片时的叶子都是圆形的。长在叶片下通常看不到的靠近茎的部分这时候也能得到确认。红根菠菜不只是根部，就连叶柄底部都是鲜红色的。感受叶肉的厚度和手感，观察从翠绿到墨绿变化的绿色浓度等，可能的话，最好闻闻香气，由于品种的不同一定会各有区别。试着咬一下洗净后的叶片，那种沁入牙齿的味道就是草酸。

通过亲手种植菠菜，不仅了解了植物的神奇与奥妙，还可以为播种后发芽的种子加油鼓劲"请快快长大哟！"。土地干了就浇水，有了杂草就除草，给垄沟松土，帮助根很好地伸展。到了采收的季节，绿油油的菠菜摇曳生姿。"谢谢你，菠菜君！"感激之情不禁油然而生。请尽情地享受丰收的喜悦吧。

11. 在阳台上试试盆栽植菠菜吧！
关于莙荙菜　莙荙菜和菠菜同属藜科，从中国传入日本的时间晚于菠菜，也叫做"唐萵苣"、"不断草"。与很难在夏季栽培的菠菜不同，莙荙菜是4月栽种，夏季便可采摘，抗热性强，生命力又顽强，是广为利用的蔬菜。品种有传统小叶种和欧洲白茎种，还有一种名为"史威查德"的颜色绚丽的莙荙菜。营养价值高，草酸含量仅为菠菜的一半，焯水冷却后做成芝麻醋拌菜好吃得不得了。在日本关西地区它可是被称作"美味叶菜"而被精心栽培。

12. 菠菜小试验：酸性土壤栽培和无土栽培
土壤pH值（氢离子浓度指数，表示酸性或碱性的程度）的试验结果　菠菜可以在pH值为6~7的中性土壤中正常生长，而当pH值小于5.5时菠菜便发育不良或者不能生长。pH值试验结果表明，种在酸性土壤中的菠菜即便发芽也几乎无法生长，子叶（双子叶）会变红蜷缩。而在改良过的土壤上种植菠菜，可以获得与中性土壤相同的种植效果。
无土栽培用营养液　作物生长所必需的肥料中，既有主要成分又有微量元素，只有将它们针对作物按

适当比例恰到好处地调配，才是标准的营养液处方。标准营养液和无土栽培液等市面均有销售。

13. 采种子啦！抑制发芽的小试验

今后菠菜品种的改良方向 由于一代杂交种遗传了双亲的优质基因，而显现出杂交优势（一代杂交种的生命力比其双亲更旺盛），且多为易于栽培产量高的品种，所以现在的菠菜种植中一代杂交种（F₁）被广泛使用。

将亚洲菠菜和杂交种菠菜所具有的美味且抗病毒的优点与欧洲菠菜所具有的晚抽（抽薹晚）且抗病、抗热的优点结合，正在通过杂交培育出新品种，有味道好、抽薹晚、春夏季栽培的新品种，有抗病害（霜毒病和病毒）的新品种，还有抗寒和耐低温（即便在低温环境下叶片也能较好生长）的新品种。

今后的科研课题是：研究开发夏播抗高温耐热新品种、苦味少的低草酸品种、维生素C含量高的新品种以及抗萎新品种等。如果大家也能从现在起，立志长大后要成为一名植物学家，拥有研发新品种的伟大梦想，并且为实现这一理想而努力奋斗的话，我该有多么高兴啊！

14. 加工的方式决定菠菜的味道

口感和苦味 因为菠菜中含有能使口感变差的味道（即涩味和苦味），所以通过将菠菜在草木灰水中浸泡，在米糠水中煮制，或者焯水的方法可以将苦涩味去除。这些料理方法古已有之，不得不说这是先人们智慧的结晶。竹笋由于尿黑酸而有很重的涩味，芋头由于草酸钙针状结晶的物理性刺激也有很重的涩味。据说菠菜的苦涩味就是由草酸钙结晶造成的，苦味主要由多元酚产生。欧洲菠菜的土腥味是由碱性土壤中富含的钾盐形成的，但近来的杂交菠菜大都没有这种味道了。

15. 菠菜配黄油，味道棒极了

口感、保鲜和冷链 随采随吃的自家菜园另当别论，蔬菜近来较为常见的多是这样一种情况：异地生产，然后运输到市场，再通过超市和蔬菜店销往每家每户，就是说采摘后要经过相当一段时间才能到我们的餐桌。蔬菜的口感和营养越新鲜越好，而随着时间的流逝这些都会随之减少。例如把菠菜在20摄氏度的温度下放两天，维生素C的含量就会减少一半。因此为了让消费者吃到最新鲜的食材而采取了所谓的低温运输方法，即摘下的蔬菜立即用塑料袋密封，进行5~10摄氏度的预冷降温，然后用冷藏车运抵市场，摆在保鲜柜销售，这就是所谓冷链物流的方法。这样消费者就可以买到比较新鲜、相当美味、营养不流失的蔬菜了，而且还做到了从农户到消费者的产地直供。不过话说回来，还是在学校的农场和自家小菜园收获的蔬菜更新鲜美味有营养。

后记

66 年前，当时我还是岐阜县养老町一个小山村里小学四年级的学生，我得了传染病，高烧近 40 摄氏度，持续烧了四五天，后来终于退烧了，可以吃点东西了。当时是外婆代替母亲照顾我，她给我端上了白米粥，还配上了咸梅干，一边说着"这是像药一样的叶菜哟"，一边喂我。那青菜的味道真好吃啊！后来我长大后才知道那就是菠菜。

大学毕业以后，我先后在农林省园艺试验场、岐阜大学农学部、北海道上坂农艺绿色研究中心、岐阜女子大学从事了 50 多年的研究，主要是关于蔬菜的花芽分化和发育的研究。在实际应用方面投入力度最大的就是菠菜。40 年间，在以花芽分化·抽薹·开花结果为中心的开花生理、育种及 F1 采种、品质关系等方面的研究取得了一定的进展，现正继续致力于低草酸品种的繁育研究工作。这是因为我从未忘记 66 年前发生的那一幕。菠菜是给予我第二次生命的像恩人一般的植物。

一进入菠菜实验室，我就会先和它们打招呼："早啊，菠菜君！今天天气不错，你的气色看起来也不错呢。快快茁壮成长吧！"话音刚落，尽管没有风，叶片竟然也会沙沙地摇动。这是菠菜在回应我呢。我好感动啊！植物好像也有心灵，而且还会给我带来源源不断的研究灵感。

现在，菠菜作为"黄绿色蔬菜之王"全年种植，是人们餐桌上美味、营养又健康的食品。试着自己亲手种一下菠菜吧，在种植和试验的过程中试着和它们聊聊天，它们一定会回应你的。通过菠菜，我感受到了植物的神奇奥妙，面对现代社会对环境造成的污染，真希望立即加入到消灭污染的行动中去。在学校农场的空地上种满菠菜，这样不仅能为地球增添更多的绿色，同时也能减少二氧化碳（光合作用吸收二氧化碳排出氧气）防止全球气候变暖。为了未来能有一个好的生存环境，让我们一起行动起来吧！

香川彰

图书在版编目（CIP）数据

画说菠菜 /（日）香川彰编文；（日）石仓博之绘画；
中央编译翻译服务有限公司译. —— 北京：中国农业出版
社, 2017.9
（我的小小农场）
ISBN 978-7-109-22736-1

Ⅰ.①画… Ⅱ.①香…②石…③中… Ⅲ.①菠菜 –
少儿读物 Ⅳ.①S636.1-49

中国版本图书馆CIP数据核字(2017)第035590号

■写真撮影·写真提供

7 ページ
　ホウレンソウの株と花：赤松冨仁（写真家）
10~11 ページ
　各品種：タキイ種苗株式会社
　タネ、インド在来種：赤松冨仁（写真家）
19 ページ
　ベト病·苗立枯病：木曽皓（（株）武蔵野種苗園）
　ヨトウムシ：田中寛（大阪府立食とみどりの総合技術センター）
　アブラムシ：木村裕（元大阪府立農林技術センター）

■撮影協力

7 ページ
　ホウレンソウの株と花：（株）永池育種農場
11 ページ
　インド在来種：上西愛子（神奈川県農業総合研究所）

香川彰

1926 年生于岐阜县养老町。1948 年九州大学农学系农学专业毕业后，曾担任农林省园艺试验场技术官，1955 年以后任岐阜大学农学系园艺学主任教授。1972 年 4 月辞职转而致力于北海道寒地园艺开发。作为上坂农艺绿色研究中心的所长和西胆振兴农业中心技术研究员，主要从事夏季采摘草莓的技术革新、菠菜育种和确立 F1 品种采种技术的研究。1983 年回到岐阜，历任岐阜女子大学教授、教养系主任和地域文化研究所所长。通过对食物营养学专业学生的 指导来研究菠菜的草酸问题。1998 年退休后成为岐阜女子大学名誉教授。拥有农学博士学位。著有《蔬菜的发育生理与栽培技术（合著）》（诚文堂新光出版社出版）、《农业技术大系·菠菜篇（合著）》（农文协出版）、《高品质菠菜的栽培生理》（基石株式会社出版）等。

石仓裕幸

1956 年生于松江市。毕业于多摩美术大学绘画专业。插图画家、平面造型设计师、园林摄影家，古园艺器具和浇水壶收藏家。绘本著有《茶壶底座》（福音馆书店出版）等。著有《园艺手帖》（讲谈社出版）、《园艺天堂》（合著，新潮文库出版）等。

我的小小农场 ● 7

画说菠菜

编　　文：【日】香川彰
绘　　画：【日】石仓裕幸

Sodatete Asobo Dai 10-shu 47 Horenso no Ehon
Copyright© 2003 by A.Kagawa,H.Ishikura,J.Kuriyama
Chinese translation rights in simplified characters arranged with Nosan Gyoson Bunka Kyokai, Tokyo through Japan UNI Agency, Inc., Tokyo
All right reserved.
本书中文版由香川彰、石仓裕幸、栗山淳和日本社团法人农山渔村文化协会授权中国农业出版社独家出版发行。本书内容的任何部分，事先未经出版者书面许可，不得以任何方式或手段复制或刊载。
北京市版权局著作权合同登记号：图字01-2016-5592号

责任编辑：刘彦博
翻　　译：中央编译翻译服务有限公司
译　　审：张安明
设计制作：北京明德时代文化发展有限公司
出　　版：中国农业出版社
　　　　　（北京市朝阳区麦子店街18号楼 邮政编码：100125　美少分社电话：010-59194987）
发　　行：中国农业出版社
印　　刷：北京华联印刷有限公司
开　　本：889mm×1194mm 1/16
印　　张：2.75
字　　数：100千字
版　　次：2017年9月第1版　2017年9月北京第1次印刷
定　　价：35.80元